DIE „VORTRÄGE UND SCHRIFTEN“ WENDEN SICH AN DIE WEITEN KREISE DERER, DIE AN WISSENSCHAFTLICHER FORSCHUNGSARBEIT ANTEIL NEHMEN

1. Heft: Wesen und Aufgaben der Akademie, vier Vorträge von Th. Vahlen, E. Heymann, L. Bierbach und H. Grapow 8°. III 43 Seiten. 1940. RM 2.—

2 Heft: Bodenordnung als volkspolitische Aufgabe uud Zielsetzung nationalsozialistischen Ordnungswillens Festrede am Leibniztag der Preußischen Akademie der Wissenschaften am 27.6.1940 gehalten von Prof. Dr. Konrad Meyer 8°. III, 25 Seiten und einer Tafel. 1940. RM 1.20

3. Heft: Die kosmische Ultrastrahlung als Forschungsproblem (Öffentlicher Vortrag, gehalten am 23. Oktober 1940 an der Preußischen Akademie der Wissenschaften.) 8°. 33 Seiten. 1940.

DIE HEFTE ERSCHEINEN IN ZWANGLOSER FOLGE

PREUSSISCHE AKADEMIE DER WISSENSCHAFTEN

VORTRÄGE UND SCHRIFTEN

HEFT 3

DIE KOSMISCHE ULTRASTRAHLUNG ALS FORSCHUNGSPROBLEM

von H. Geiger

Ord. Professor an der Technischen Hochschule, Berlin

ord. Mitglied der Preußischen Akademie der Wissenschaften

BERLIN 1940

VERLAG WALTER DE GRUYTER & CO

VORMALS G. J. GÖSCHEN'SCHE VERLAGSHANDLUNG · J. GUTTENTAG, VERLAGSBUCHHANDLUNG · GEORG REIMER · KARL J. TRÜBNER · VEIT & COMP.

Printed in Germany
Druck von Walter de Gruyter & Co., Berlin W 35
Archiv Nr. 345840

INHALT

DIE KOSMISCHE ULTRASTRAHLUNG ALS FORSCHUNGSPROBLEM

VON

H. GEIGER

1. Einleitung. Seit etwa 25 Jahren wissen wir, daß es neben den Lichtstrahlen noch eine ganz andere Art von Strahlen gibt, die aus dem Weltenraum kommen und auf unsere Erde einfallen. Es sind dies die kosmischen Ultrastrahlen, die manchmal auch Höhenstrahlen genannt werden. Sie zeichnen sich durch höchst merkwürdige Eigenschaften, vor allem durch eine extreme Durchschlagskraft aus und fesselten darum auch alsbald das Interesse der Physiker in hohem Maße.

Heutzutage ist es eine einfache Sache, eine Apparatur aufzustellen, die jeden kosmischen Ultrastrahl, der darauf auffällt, durch ein akustisches Signal, z. B. durch den scharfen Knall eines Lautsprechers vernehmbar macht. Wer einem solchen Experiment zum erstenmal beiwohnt, ist überrascht über das Schnellfeuer, das er vernimmt; denn es kann leicht so sein, daß in jeder Minute viele Hunderte solcher Knalle zu hören sind. An derselben Apparatur kann dann aber auch leicht gezeigt werden, daß diese Knalle von höchst durchdringenden Strahlen ausgelöst werden; denn ihre Zahl ändert sich kaum merkbar, wenn man etwa durch Vorschalten dicker Bleiplatten die Ultrastrahlen abzuhalten sucht. Auch das Dach des Hauses oder die Zimmerdecke bilden für die Strahlen nur ein sehr schwaches Hindernis.

Bei der Deutlichkeit dieser Effekte fragt man mit Recht, warum man diese Strahlen erst so spät entdeckt hat. Sie sind doch überall gegenwärtig und in vieler Hinsicht vergleichbar mit den durchdringenden Strahlen, die man auf dem Gebiet der Radioaktivität schon recht erfolgreich studiert hatte. Ich gehe auf diese Frage kurz ein, weil wir uns so am schnellsten in unser Problem und seine Grundlagen hineinfinden werden. Zweckmäßig beginnen wir dabei mit der Ionisation der Luft.

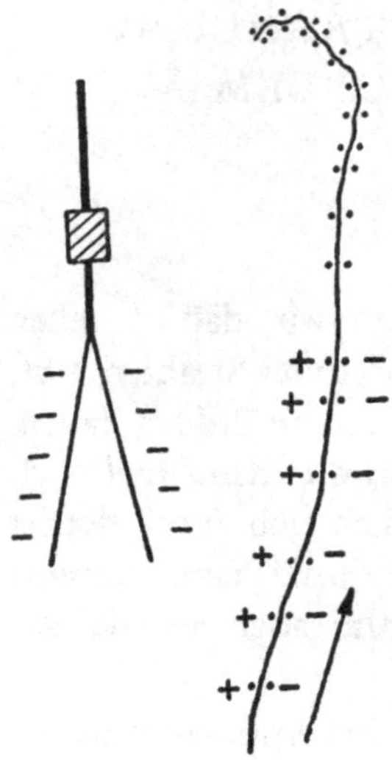

Abb. 1: Ionisation der Luft durch einen Beta-Strahl

2. Ionisation der Luft. Die Luft ist an sich ein ausgezeichneter Isolator. Schon das einfache Goldblattelektroskop zeigt dies: die einmal aufgeladenen Blättchen bleiben für lange Zeit gespreizt, weil die Elektrizität nicht durch die Luft abfließen kann. Aber die Luft läßt sich leitfähig machen, z. B. durch die Strahlung eines Röntgenrohrs oder eines radioaktiven Stoffes. Nehmen wir als Beispiel einen Beta-Strahl, d. h. ein mit nahezu Lichtgeschwindigkeit fliegendes Elektron. Es spaltet die Luftmoleküle, durch die es hindurchfliegt, in Ionen, d. h. in positiv und negativ geladene Teile auf. Sind die Goldblättchen negativ geladen, so eilen die positiven Ionen zu den Blättchen hin und neutralisieren ihre Ladung (Abb. 1). Wenn nur ein einziger Beta-Strahl in der Nähe der Goldblättchen vorbeifliegt, so wird nur sehr wenig Ladung neutralisiert und die Blättchen bleiben praktisch so stark gespreizt wie vorher. Wenn aber in jeder Sekunde 100 oder 1000 Beta-Strahlen vorbeifliegen, so sieht man die Blättchen zusammenfallen. Die Schnelligkeit, mit der dies geschieht, ermöglicht ein Urteil über die Stärke der Ionisation und damit auch über die Stärke der Beta-Strahlung.

Aus dem Goldblättchenpaar wird ein Präzisionsinstrument sehr hoher Empfindlichkeit, wenn wir ein Gehäuse darum bauen und die Bewegung der Blättchen mit Mikroskop und Stoppuhr verfolgen. Dann kann selbst das extrem langsame Zusammenfallen der Blättchen noch vermessen werden, das eintritt, wenn im Inneren des Elektroskops in jeder Sekunde und in jedem Kubikzentimeter nur ein einziges Ionenpaar erzeugt wird. Dies ist aber eine äußerst schwache Ionisation, wie man daraus ersehen mag, daß ein Millionstel Milligramm Radium, in das Elektroskop verbracht, bereits die tausendfache Wirkung ergeben würde.

3. Der Resteffekt. Wir bemerkten eingangs, daß die Blättchen eines geladenen Elektroskops gespreizt bleiben, wenn keine ionisierenden Strahlen in der Nähe wirksam sind. Dieser Fall läßt sich aber in Wirklichkeit gar nicht durchführen. Auch wenn wir alle Strahlenquellen weit entfernen, bemerkt man doch immer noch ein, wenn auch sehr langsames, Abfallen der Blättchen. Dies hängt damit zusammen, daß die Wände des Elektroskops stets Spuren radioaktiver Stoffe enthalten, ebenso die Luft und auch der Erdboden. Dieser sogenannte Resteffekt ist bei feineren Messungen immer sehr störend, vor allem weil er nicht völlig konstant ist, sondern sich z. B. mit der Witterung ändert. In der Hoffnung, den Resteffekt herabdrücken zu können, hat man viel Mühe darauf verwandt, seine Ursachen völlig zu klären, insbesondere den Anteil festzustellen, der von der Aktivität des Elektroskops selbst, von der Aktivität der Luft und von der Strahlung des Erdbodens herrührt. Bei solchen Bemühungen hat Heß 1912 einmal ein Elektroskop im Freiballon mit in die Höhe genommen. Wohl jedermann hatte erwartet, daß der Resteffekt mit dem Abstand vom Erdboden immer schwächer werden mußte, da man ja mit wachsender Höhe in immer reinere Luftschichten kam und sich außerdem immer weiter vom Erdboden entfernte. Aber es kam anders. In 5000 m Höhe war der Resteffekt bereits das Dreifache und in 9000 m Höhe, wie Kolhörster ein Jahr später zeigte, nahezu das Zehnfache des Wertes dicht am Erdboden. Heß schreibt in seinem ersten Bericht bereits den entscheidenden Satz, daß die Zunahme der Ionisation mit der Höhe einer bislang unbekannten Strahlung zugeschrieben werden müsse, die von außen her in unsere Atmosphäre eindringt und in ihr größtenteils absorbiert wird.

Der Resteffekt, den man an jedem Elektroskop beobachtet, rührt also auch in Bodennähe nicht allein von den bereits genannten Ursachen her, sondern es spielt auch die Ultrastrahlung dabei eine Rolle. Der je nach den speziellen Bedingungen stark variable Anteil der einzelnen Strahlungen am Resteffekt ist etwa so einzuschätzen, wie die folgende Tabelle dies zeigt.

Aufteilung des Resteffekts

gemessen durch die Zahl der Ionenpaare, erzeugt je Sekunde und je Kubikzentimeter durch die verschiedenen Strahlungen.

a) Strahlung der Elektroskopwände	5 Ionenpaare
b) Strahlung der Luft (Ra-Emanation)	1 Ionenpaar
c) Strahlung der Erde (Uran, Radium usw.)	3 Ionenpaare
d) Kosmische Ultrastrahlung	1 Ionenpaar

Mit wachsender Höhe über dem Erdboden nehmen zwar b) und c) erheblich ab, aber d) nimmt zu und gewinnt bald das Übergewicht.

4. Erfahrungen mit dem Elektroskop. Selbstverständlich bemühte man sich sofort, die Natur der neuen Strahlen und ihre Eigenschaften zu klären. Aber es ging zunächst nur langsam voran, weil für mehr als ein Jahrzehnt das Elektroskop das einzige Nachweisinstrument für diese Strahlung war. Es war aber trotz seiner hohen Empfindlichkeit ein wenig geeignetes Instrument, weil in Meereshöhe der Resteffekt einen störenden Untergrund bildet, der rund zehnmal größer war als der Effekt der Ultrastrahlen (vgl. die obenstehende Tabelle). Etwas günstigere Bedingungen hatte man auf hohen Bergen, wo die Ultrastrahlung stärker zur Geltung kam. Die hochalpine Forschungsstation Jungfraujoch mit ihren schönen Laboratoriumsräumen in 3457 m Höhe war darum und ist auch heute noch eine bevorzugte Arbeitsstätte für alle Forscher, die sich für Ultrastrahlen interessieren.

Die Hauptergebnisse der ersten Forschungsperiode, an denen Kolhörster, Regener, Steinke u. a. besonderen Anteil haben, lassen sich in folgender Weise zusammenfassen:

1. Die Strahlung hat bei Tag und Nacht die gleiche Stärke.
2. Die Strahlung kommt aus dem Weltenraum in unsere Atmosphäre und zwar aus allen Richtungen in gleicher Stärke. Das Weltall ist also erfüllt mit diesen Strahlen.

3. In Meereshöhe ist die Intensität (Menge) dieser Strahlung, gemessen an ihrem Ionisierungsvermögen, sehr gering; sie erzeugt dort rund ein Ionenpaar je Sekunde und Kubikzentimeter, liegt also an der äußersten Grenze der elektroskopischen Meßbarkeit.
4. Die Strahlung hat ein extrem hohes Durchdringungsvermögen und kann viele Hunderte Meter tief in Wasser oder Gesteine eindringen.

Das extrem hohe Durchdringungsvermögen, das zunächst ungemein überraschte, wollen wir durch einige Vergleichszahlen verdeutlichen:

Die Strahlungsintensität sinkt auf die Hälfte herab

bei den Röntgenstrahlen etwa hinter	0,1	cm Blei
bei den Radium-Gamma-Strahlen hinter	1	cm Blei
bei den Ultrastrahlen hinter......................	100	cm Blei

Die Röntgen- und Gamma-Strahlen waren die durchdringendsten Strahlen, die man vor Entdeckung der Ultrastrahlen kannte. Von ihnen wußte man, daß sie Wellenstrahlen nach Art des Lichtes sind, allerdings von besonders kurzer Wellenlänge. Als man nun herausbrachte, daß die Ultrastrahlen noch hundertmal durchdringender sind, lag es nahe, auch ihnen Wellennatur zuzuschreiben und die extrem hohe Durchschlagskraft durch eine extrem kurze Wellenlänge zu erklären. Diese Anschauung hat sich viele Jahre hindurch gehalten, bis sie unter dem Zwang der Experimente anderen Vorstellungen weichen mußte.

5. Neue Methoden. Mit den eben dargelegten Ergebnissen war im wesentlichen das ausgeschöpft, was überhaupt mit Elektroskopen erreichbar war. Nur neue Methoden konnten weiterhelfen. Vor etwa 10 Jahren kam dann auch die erhoffte Belebung durch neue Formen der Experimentiertechnik, die wir kurz erläutern wollen.

a) Die Hochdruckionisationskammer, Abb. 2. Sie besteht im wesentlichen aus einer Stahlbombe, in die eine zentrale Elektrode eingebaut ist, welche es ermöglicht, die im Inneren

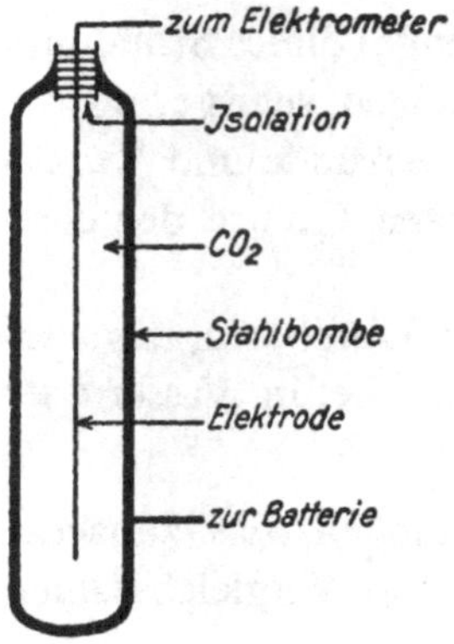

Abb. 2: Hochdruck-Ionisationskammer

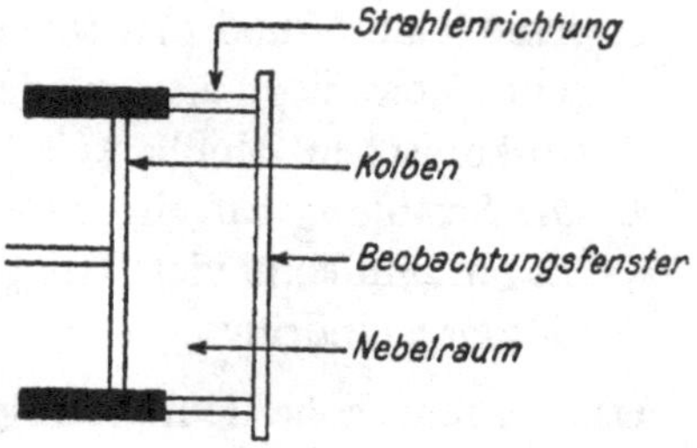

Abb. 3: Wilsonsche Nebelkammer

der Bombe erzeugte Ionisation zu messen. Die Bombe wird meist mit Kohlendioxyd von 20 bis 30 Atmosphären gefüllt. Die kosmische Ultrastrahlung erzeugt in einer solchen Bombe eine etwa 50mal größere Ionisation als in einem gleichgroßen Elektroskop. Zwar wächst auch der Resteffekt infolge des erhöhten Gasdrucks erheblich an, aber doch nicht in gleichem Maße.

b) Die Wilsonkammer oder Nebelkammer, Abb. 3. Diese Apparatur ist schon lange vor Entdeckung der Ultrastrahlen zum Studium der Alpha- und Beta-Strahlen benutzt worden, man sah aber zunächst keinen Weg, sie auch für das neue Problem einzusetzen. Durch einen Kunstgriff, der in einer ruckartigen Bewegung des Kolbens besteht, erreicht man, daß sich an den Ionen im Moment ihrer Entstehung Wasserdampf kondensiert. Die an sich unsichtbaren Ionen schwellen auf diese Weise zu Wassertropfen von vieltausendfacher Größe an und werden so bei guter Beleuchtung dem bloßen Auge erkennbar. Für einen kurzen Augenblick sehen wir also die Bahn des ionenerzeugenden Strahls vor uns und können sie photographieren.

c) Das Zählrohr, Abb. 4. Es besteht im wesentlichen aus einem Metallrohr, in dem axial ein dünner Draht als Elektrode

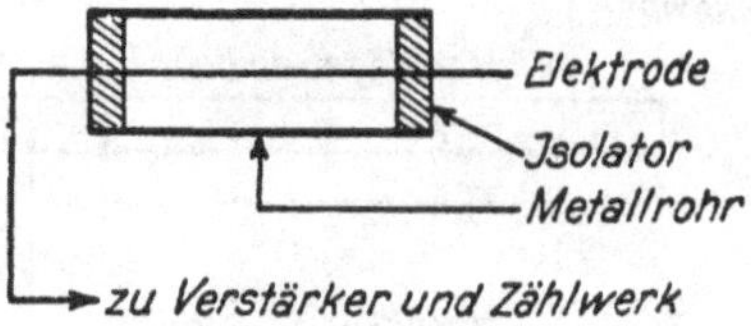

Abb. 4: Elektronen-Zählrohr

ausgespannt ist. Gasdruck und elektrische Spannung am Rohr werden so einreguliert, daß gerade keine selbständige Entladung mehr einsetzen kann. Durchsetzt jetzt ein ionisierender Strahl das Zählrohr in beliebiger Richtung, so reichen die wenigen im Rohrinneren erzeugten Ionen aus, um einen winzigen elektrischen Funken auszulösen. Der Funke gibt über einen Röhrenverstärker einen kräftigen Stromstoß, der entweder auf einen Lautsprecher wirkt oder ein Addierwerk betätigt. Wir können also die Strahlen, welche das Zählrohr durchdringen, automatisch abzählen.

6. *Die Koinzidenzen.* Die drei Methoden, die wir im vorausgehenden Abschnitt besprochen haben, sind in ihrer Wirksamkeit ebenfalls durch den Resteffekt stark beeinträchtigt. So erfährt man z. B. beim Zählrohr durch das akustische Signal zwar genau den Moment, in dem ein Strahl durch das Rohr hindurchgegangen ist, man kann aber nicht sagen, ob es ein Ultrastrahl war oder vielleicht ein Alpha- oder Beta-Strahl aus der Wandung des Zählrohrs. Hier greift nun ein neues Verfahren ein, das eine scharfe Abtrennung der Ultrastrahlen von den übrigen Strahlen ermöglicht und darum heute auf unserem Gebiet sehr viel angewandt wird. Es ist dies das von Bothe und Kolhörster angegebene Koinzidenzverfahren. Wir wollen es uns kurz klarmachen.

Man nimmt statt eines einzelnen Zählrohrs zwei oder mehrere Zählrohre, die man meist vertikal untereinander anordnet, so wie es im linken Teil von Abb. 5 ersichtlich ist. Neben den im Querschnitt gezeichneten Zählrohren I und II sieht man die zugehörigen Registrierstreifen, aus denen man ablesen kann, in

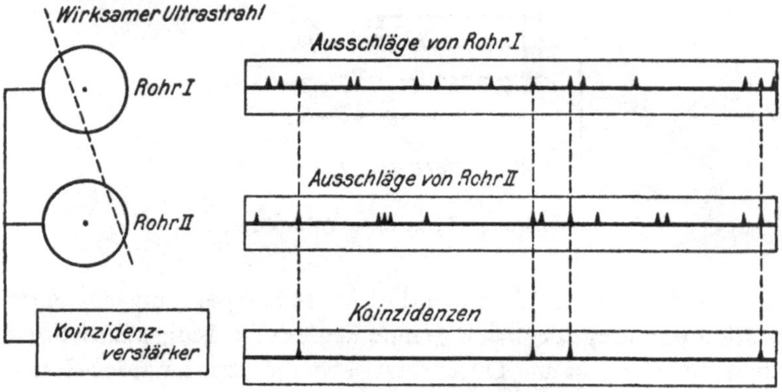

Abb. 5: Registrierung von Koinzidenzen

welchem Moment ein Strahl — mag es nun ein Ultrastrahl oder ein Strahl anderen Ursprungs sein — durch das Rohr hindurchgegangen ist. Nun zeigt die Erfahrung, daß man auf solchen Streifen genau gleichzeitige, also koinzidierende Marken findet, wobei die Gleichzeitigkeit leicht bis auf $^1/_{10000}$ Sekunde genau festgestellt werden kann. In unserem Falle (Abb. 5) zeigten sich während der Beobachtungszeit vier solche Koinzidenzen. Jede derartige Koinzidenz kann aber gar nicht anders verstanden werden, als daß in diesem Moment ein und derselbe kosmische Ultrastrahl die beiden Zählrohre durchdrungen und zum Ansprechen gebracht hat. Keine andere uns bekannte Strahlenart wäre zu einer solchen Doppelauslösung imstande, vorausgesetzt allerdings, daß die Zählrohrwandungen genügend dick sind und keine Beta-Strahlen hindurchlassen. Wenn wir also Ultrastrahlmessungen machen wollen, so kümmern wir uns nicht mehr um die vielen Signale der einzelnen Zählrohre, wir richten es vielmehr mit Hilfe der modernen Verstärkertechnik so ein, daß auf einem besonderen Registrierstreifen nur dann eine Marke entsteht, wenn beide Rohre gleichzeitig ein Signal geben (Abb. 5 unten).

Diese Koinzidenzmethode arbeitet außerordentlich exakt. Im Institut des Verfassers läuft beispielsweise eine Anordnung, bei

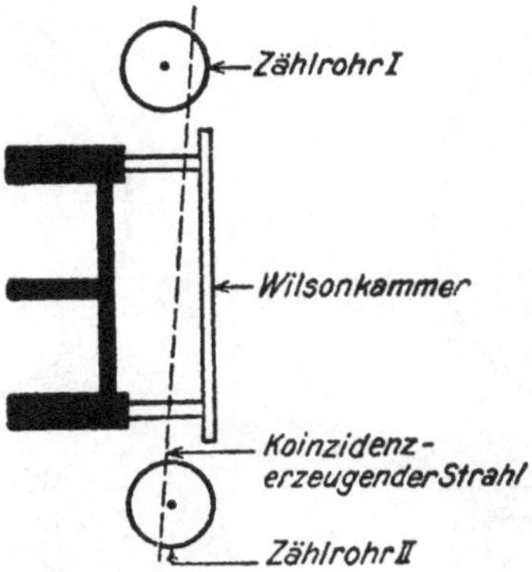

Abb. 6: Nebelkammer zwischen Koinzidenz-Zählrohren

der zur Messung der Streuung der Ultrastrahlen zwei sehr lange, horizontal liegende Zählrohre in einem Abstand von mehr als 10 Metern untereinander angeordnet sind. Jedes der beiden Rohre gibt für sich rund 60000 Signale je Stunde, doch interessieren nur die Fälle, in denen ein Ultrastrahl beide Rohre durchsetzt. Solche zu Koinzidenzen führenden Fälle treten wegen des großen Abstands der Rohre allerdings nur sehr selten ein, etwa 4- bis 5mal in der Stunde. Der angeschaltete Koinzidenzverstärker fängt aber unter den mehr als 100000 Strahlen, die insgesamt je Stunde durch die Rohre hindurchgehen, diese 4 oder 5 Strahlen mit Sicherheit heraus und darauf kommt es an.

7. *Neue Erkenntnisse.* Um von dem Verhalten und der Natur der Ultrastrahlen eine zutreffende Vorstellung zu gewinnen, betrachten wir zunächst einige typische Wilsonaufnahmen, bei denen das Koinzidenzverfahren eine nützliche Anwendung fand (Blackett u. a. 1932). Die Wilsonkammer, mit der die Aufnahmen gemacht sind, befindet sich nämlich zwischen zwei Zählrohren, wie aus Abb. 6 zu ersehen ist. Wenn ein Ultrastrahl die beiden Zählrohre durchsetzt und eine Koinzidenz auslöst, so muß er auch durch die dazwischen liegende Wilsonkammer hindurch gegangen sein. Die elektrische Schaltung ist nun so ge-

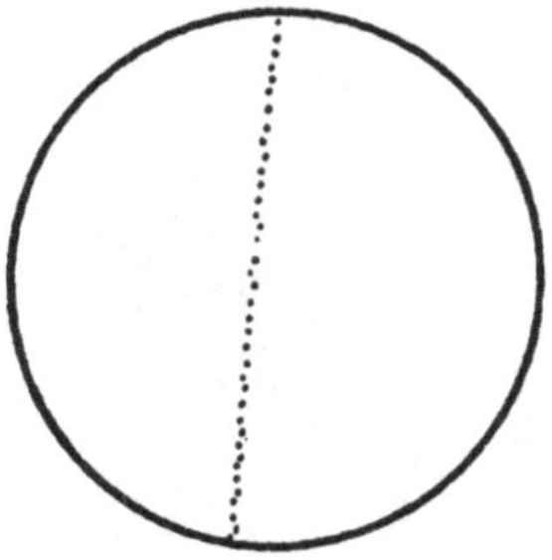

Abb. 7. Bahn eines energiereichen Ultrastrahls

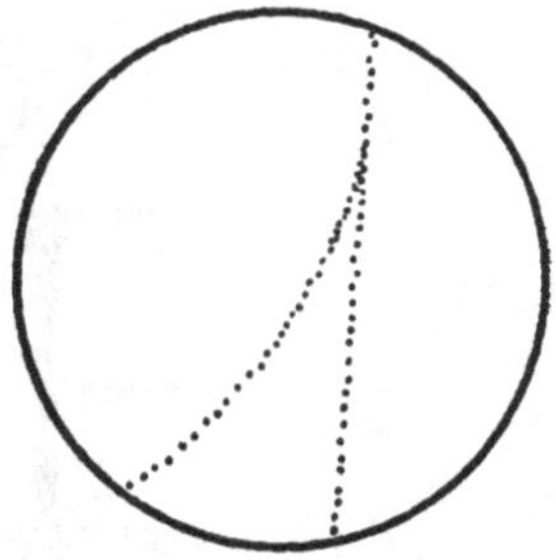

Abb. 8. Ultrastrahl mit Sekundärstrahl

troffen, daß eine photographische Aufnahme der Vorgänge in der Kammer nur dann erfolgt, wenn die Zählrohre eine Koinzidenz ergeben haben. Man kann dann sicher sein, daß die aufgenommene Strahlenbahn wirklich von einem Ultrastrahl herrührte.

Abb. 7: Einzelner Ultrastrahl. Als charakteristisch müssen herausgehoben werden die Geradlinigkeit der Bahn und die relativ geringe Besetzung der Bahn mit Ionen. Auch wenn in der Wilsonkammer ein Magnetfeld vorhanden ist, so werden die Strahlen kaum merklich abgelenkt, ganz im Gegensatz etwa zu den gewöhnlichen Beta-Strahlen, deren Bahnen in einem Magnetfeld je nach ihrer Energie in kleinere oder größere Kreise oder Spiralen aufgewickelt werden. Bemerkenswert ist noch, daß die Bahnen in gleicher Beschaffenheit auch dann noch beobachtet werden, wenn dicke Bleischichten über das obere Zählrohr gepackt werden. Alle diese Beobachtungen führen zwingend zu dem Schluß, daß die Ultrastrahlen — jedenfalls zu einem erheblichen Teil — aus elektrisch geladenen Teilchen extrem hoher Energie bestehen. Ob es sich dabei um Elektronen, Protonen oder ganz andere Teilchen handelt, ist aus solchen Aufnahmen nicht zu erschließen. Sicher ist nur, daß es sich nicht um energiereiche Lichtstrahlen (Lichtquanten) handeln kann, da diese keine Ionenbahn in der Kammer hinterlassen würden.

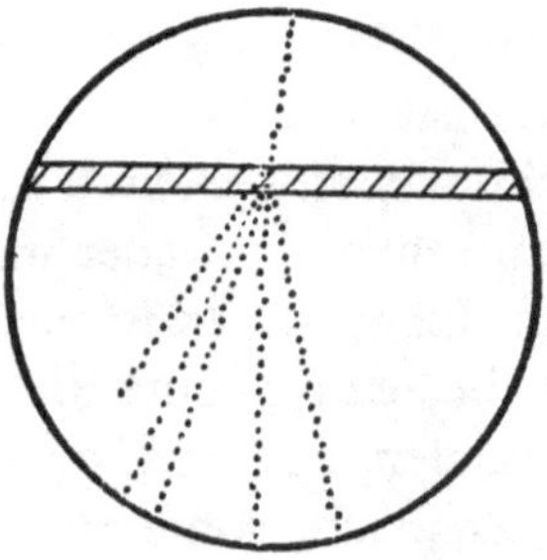

Abb. 9. Strahlenschauer

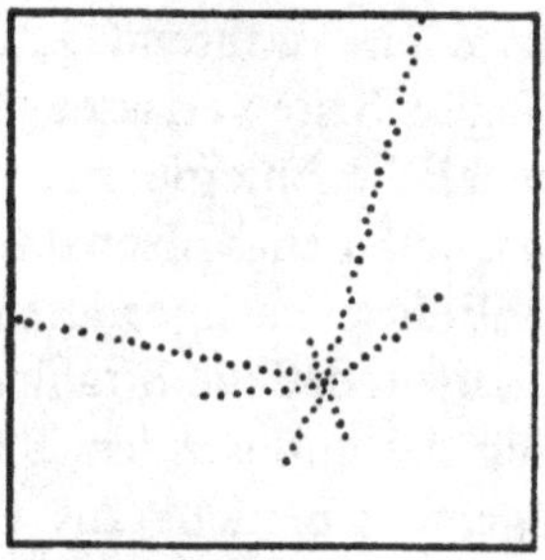

Abb. 10. Strahlenstern

Es bleibt also die erstaunliche Tatsache, daß in der Natur Teilchen auftreten, die eine Wucht besitzen, die 10^3 bis 10^5 mal größer ist als die Wucht der an sich schon so energiereichen radioaktiven Strahlen. Eine ungeheuere Energiekonzentration in einem einzelnen Teilchen! In jeder Minute schlagen rund 10000 derartige Teilchen auf jeden Quadratmeter der Erdoberfläche auf.

Abb. 8: Ultrastrahl und Sekundärstrahl. Das Auftreten eines Sekundärstrahls ist an sich nichts besonderes, da wir die Auslösung von Sekundärstrahlen auch bei anderen Strahlenarten zur Genüge kennen. Im allgemeinen entsteht der Sekundärstrahl dadurch, daß der Primärstrahl auf seinem Weg durch Materie (Luft, Metallschicht) ein Elektron mehr oder weniger zentral trifft und ihm so eine hohe Geschwindigkeit erteilt. Die gleichmäßige Krümmung des Sekundärstrahls auf unserer Abbildung rührt daher, daß ein Magnetfeld wirksam war.

Abb. 9: Kosmische Strahlenschauer. Hierbei handelt es sich um eine völlig neue Erscheinung, die man nur bei Ultrastrahlen beobachtet hat. Der Primärstrahl löst in der durchsetzten Materie nicht einen einzelnen Sekundärstrahl, sondern auf eng begrenztem Raume gleichzeitig eine große Zahl von Sekundärstrahlen aus. Wir sprechen in einem solchen Falle von einem Strahlenschauer. Unsere Abb. 9 zeigt den Normalfall eines Schauers: von oben her tritt ein Ultrastrahl in eine Bleiplatte ein, während zahlreiche Elektronen die Platte auf der unteren Seite verlassen. Diese Elektronen haben teilweise recht erhebliche Energie und werden von Lichtquanten begleitet, die zwar auf den Wilsonaufnahmen nicht zu sehen sind, aber mit Zählrohren nachgewiesen werden können. Im einzelnen ist noch zu sagen, daß die Strahlen eines Schauers bevorzugt in der Richtung des auslösenden Ultrastrahls weiterlaufen, daß sie aber im allgemeinen nicht aus einem einzigen Zentrum, sondern aus mehreren einander benachbarten Zentren kommen. Es handelt sich daher bei einem Strahlenschauer nicht um eine atomare Explosion in der von dem Ultrastrahl durchsetzten Materie, vielmehr müssen wir annehmen, daß die Schauer durch sukzessive Sekundärprozesse entstehen, wie in Abschnitt 10 näher erläutert werden soll.

Im Durchschnitt besteht ein Strahlenschauer aus 5 bis 10 Elektronen, es gibt aber auch Schauer von Hunderten, ja Tausenden von Strahlen, die als Hoffmannsche Stöße bezeichnet werden. Die Zahl der Schauer, die pro Stunde aus einem Quadratmeter Blei oder anderem Material, z. B. der Zimmerdecke austritt, beträgt mehrere Tausend, darunter sind aber nur einige wenige, die mehr als 100 Strahlen enthalten.

Abb.10: Strahlensterne. Außer den eben beschriebenen Elektronenschauern gibt es aber noch Strahlenschauer ganz anderer Art, die man als Strahlensterne bezeichnet (Wambacher 1938). Man findet sie in photographischen Schichten, die genügend lange gelagert haben. Unsere Abb. 10 stellt also im Gegensatz zu den vorausgehenden Bildern nicht die photographische Aufnahme irgendeines Vorgangs dar, sondern wir sehen hier die unmittelbare Wirkung der Ultrastrahlen auf die photographische Emulsion. Auf der Abbildung sind natürlich nur die Strahlen deutlich zu sehen, deren Bahnen auf einer größeren Strecke innerhalb der Emulsion verlaufen, aber selbstverständlich gibt es auch solche Strahlen, deren Schußrichtungen mehr oder weniger steil zur Emulsionsebene liegen. Sie sind nur durch mikroskopische Tiefenaustastung der Emulsion auffindbar. Aus dem Aussehen der Spuren kann man schließen, daß sie durch schwere Teilchen, also nicht durch Elektronen, entstanden sein müssen. Charakteristisch ist ferner, daß alle Strahlen von einem gut definierten Zentrum in der Emulsion ausgehen. Man kann daher kaum mehr daran zweifeln, daß es sich bei den Strahlensternen um Atomexplosionen handelt, indem ein Ultrastrahl in einen Atomkern hineintrifft und die einzelnen Kernbestandteile mit großer Wucht auseinanderschlägt. Daß wirklich die Ultrastrahlen hierfür verantwortlich sind, geht wohl am besten daraus hervor, daß photographische Platten, die man in unbemannten Ballonen für mehrere Stunden in die Stratosphäre und damit in ein Gebiet intensiver Ultrastrahlung gebracht hatte, auch eine entsprechend größere Zahl von Strahlensternen aufwiesen (Schopper 1939).

8. Absorption energiereicher Elektronenstrahlen in Materie. Um in die Besonderheiten der Ultrastrahlung tiefer eindringen zu können, müssen wir uns zunächst klarmachen, in welcher Weise überhaupt sehr energiereiche Strahlen beim Durchgang durch Materie absorbiert werden. Wir fragen also nach den Prozessen, welche dem Strahl auf seinem Weg durch Materie Energie entziehen, wobei wir zunächst von den Elektronenstrahlen sprechen wollen. Wir stellen dabei energiearme und energiereiche Elektronenstrahlen einander gegenüber und ziehen die Grenze bei den schnellen Elektronenstrahlen des Radiums, den sogenannten Beta-Strahlen, welche etwa 1 mm Blei durchdringen können. Alle Elektronenstrahlen, die 10-, 100-, 1000mal energieärmer sind als diese Beta-Strahlen, verhalten sich entsprechend dem linken Teil von Abb. 11, dagegen ist für alle Strahlen, die 10-, 100-, 1000mal energiereicher sind, der rechte Teil der Abbildung maßgebend.

Bei den energiearmen Elektronenstrahlen geht der Energieentzug (die Abbremsung) so vor sich, daß das Elektron die durchsetzten Atome in Ionen aufspaltet, wobei dem Elektron bei jedem derartigen Spaltungsvorgang ein kleiner Energiebetrag entzogen wird. So wird der Elektronenstrahl immer langsamer,

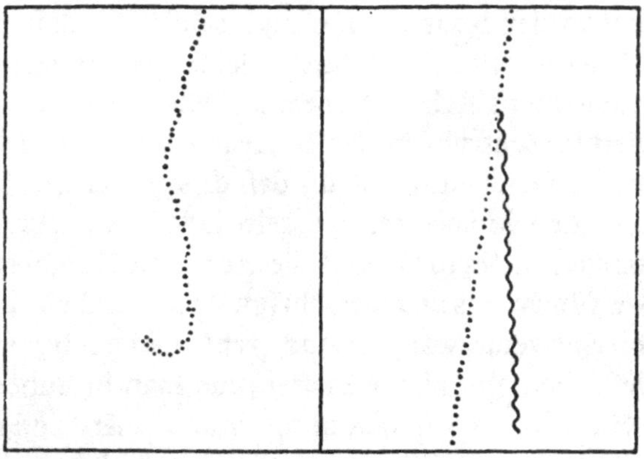

Energiearmer Elektronenstrahl — Energiereicher Elektronenstrahl

Abb. 11. Absorption von Elektronen

seine Bahn infolge der wachsenden Streuung immer gekrümmter, bis er schließlich überhaupt keine merkliche Durchschlagskraft mehr besitzt.

Das energiereiche Elektron ionisiert in gleicher Weise, doch spielt bei ihm ein anderer Absorptionsprozeß eine viel größere Rolle. Beim Durchgang des energiereichen Elektronenstrahls durch das elektrische Feld eines Atomkerns kann es dort zur Ausstrahlung eines Lichtquants (Bremsquants) kommen, was auf Abb. 11 rechts durch eine Wellenlinie zum Ausdruck gebracht ist. An sich ist die Emission eines Lichtquants bei Bremsung eines Elektrons ein schon lange bekannter Vorgang, der beim Röntgenrohr eine praktische Anwendung findet. Dort fallen schnelle Elektronen (Kathodenstrahlen) auf einen Metallklotz (die Antikathode) auf und lösen in ihm vereinzelte Lichtquanten aus, die als Röntgenstrahlen bezeichnet werden. Aber selbst wenn das Röntgenrohr bei der extrem hohen Spannung von mehreren Hundert Kilovolt betrieben wird, setzt sich nur ein sehr kleiner Teil der verfügbaren Elektronenenergie in Röntgenstrahlenergie um. Theoretische Überlegungen lassen aber keinen Zweifel, daß die Ausstrahlungsprozesse immer

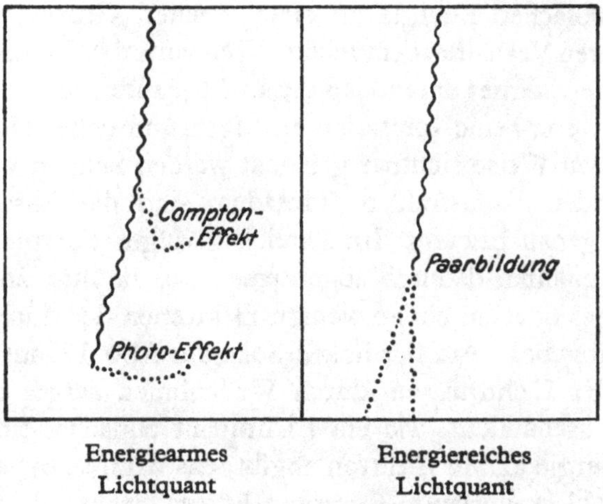

Abb. 12. Absorption von Lichtquanten

wahrscheinlicher werden, je energiereicher die Elektronenstrahlen sind. Ein extrem energiereiches Elektron muß daher beim Eintritt in Materie schon auf kurzer Wegstrecke einen sehr erheblichen Teil seiner Energie verlieren, so daß es alsbald zu der Klasse der energiearmen Elektronen zu rechnen ist, die überhaupt nur noch kurze Strecken zu durchlaufen vermögen. Wir kommen also zu dem zunächst überraschenden Ergebnis, daß extrem energiereiche Elektronen nicht etwa auch extrem dicke Materieschichten durchlaufen können, sondern daß auch für sie wegen der hohen Ausstrahlung die durchdringbare Schicht sehr begrenzt ist.

9. *Absorption energiereicher Lichtquanten in Materie.* Wir teilen auch die Lichtquanten auf in energiearme und energiereiche Strahlen, wobei wir auch diesmal bei den Radiumstrahlen, nämlich den Gamma-Strahlen, die Grenze setzen wollen. Diese Gamma-Strahlen sind Lichtquanten und können rund 2 cm Blei durchdringen. Alle Lichtquanten, die 10-, 100-, 1000mal energieärmer sind als die Gamma-Strahlen, sind wieder zu einer Gruppe zusammengefaßt, deren Verhalten im linken Teil von Abb. 12 dargestellt ist, während alle Lichtquanten mit 10-,

100-, 1000facher Energie zu einer zweiten Gruppe gehören sollen, deren Verhalten dem rechten Teil von Abb. 12 entspricht. Wir erinnern ferner daran, daß die Lichtquanten auf ihrem Weg durch Materie keine Ionisation erzeugen und daher auch nicht in derselben Weise sichtbar gemacht werden können wie Elektronen- oder Atomstrahlen. Trotzdem sind die Absorptionsprozesse genau bekannt. Im Bereich geringer Energie werden die Lichtquanten dadurch abgebremst, daß sie ihre Energie an ein einziges oder an einige wenige Elektronen der durchsetzten Materie abgeben. Auf der linken Seite der Abb. 12, auf der die Bahnen der Lichtquanten durch Wellenlinien dargestellt sind, wird veranschaulicht, wie ein Lichtquant zunächst einen Teil seiner Energie an ein Elektron abgibt, das dann selbst als Elektronenstrahl weiterläuft (Compton-Effekt), während das jetzt energieärmere Lichtquant seinen Weg fortsetzt und schließlich seine ganze restliche Energie auf ein zweites Elektron überträgt (Photoeffekt). Das Quant ist also verschwunden, während sich seine Energie in Form von zwei schnell bewegten Elektronen wiederfindet.

Bei Lichtquanten sehr hoher Energie hat man gerade durch das Studium der Ultrastrahlen noch einen neuen Absorptionsprozeß sehr merkwürdiger Art kennengelernt. Es kann nämlich ein solches Quant beim Durchgang durch einen Atomkern seine ganze Energie oder einen erheblichen Teil davon zur Erzeugung eines Elektronenpaars, d. h. je eines positiven und negativen Elektrons, benutzen. Diese beiden frei gesetzten Elektronen sind also nicht etwa Bestandteile des getroffenen Atomkerns gewesen, sie sind vielmehr in ihm erst entstanden auf Kosten der Energie des Quants. Unser Bild läßt erkennen, wie an einer Stelle die Bahn des Lichtquants plötzlich endet und wie von dort unter spitzem Winkel zwei Elektronen weglaufen. Es sind zwei Elektronen entgegengesetzten Zeichens, wie man leicht mit Hilfe eines Magnetfelds beweisen könnte, das das eine Elektron nach rechts, das andere nach links ablenken würde. Wieder ist es so, daß diese Prozesse der Paarerzeugung desto wahrscheinlicher werden, je höher die Energie der Quanten ist. Quanten extrem hoher Energie kommen daher eben wegen dieser Paarbildung ebensowenig durch dicke Materieschichten hindurch wie extrem energiereiche Elektronen.

10. Deutung der Strahlenschauer. Wir sahen in Abschnitt 7, daß die Ultrastrahlen in Metallschichten nicht nur einzelne Sekundärstrahlen, sondern auch ganze Schauer solcher Strahlen (Elektronen und Lichtquanten) auslösen können. Es blieb lange ein Rätsel, wie man sich die Entstehung solcher Strahlenschauer vorstellen sollte. Erst das tiefere Eindringen in die Absorptionsgesetze extrem durchdringender Strahlen eröffnete einen Weg zur Deutung. Wir nehmen diese Gesetze im folgenden als bekannt an und versuchen, mit ihrer Hilfe uns die Schauerentstehung klarzumachen. Dabei wollen wir aber im Auge behalten, daß in Wirklichkeit unser Wissen von den Absorptionsgesetzen und von der Schauerentstehung gleichzeitig und in steter Wechselwirkung gewonnen worden ist. Ein kleiner Schritt voran bei dem einen Problem half oft dem anderen vorwärts und umgekehrt.

Es trete also ein sehr energiereiches Ultrateilchen — nehmen wir an, es sei ein Elektron — in eine Bleiplatte ein. Es entstehen dann in dem Blei einige Bremsquanten, die selbst wieder sehr energiereich sein werden. Diese erzeugen daher in dem Blei energiereiche Elektronenpaare, die nun ihrerseits nochmals Quanten auslösen können. Man sieht auf der schematischen Abb. 13, wie auf diese Weise eine Strahlenmultiplikation entstehen kann. Auch ist klar, daß mit wachsender Bleidicke die Schauer strahlenreicher werden müssen. So sind auf unserer Abbildung in Höhe der gestrichelten Linie erst 3 ionisierende Strahlen vorhanden, die sich dann bis zur Unterseite der Bleischicht auf 9 vermehrt haben. Versuche mit Zählrohren und mit der Wilsonkammer haben in der Tat auch gezeigt, daß aus dickeren Bleiplatten im Durchschnitt auch strahlenreichere Schauer herauskommen. Dies gilt allerdings nur bis zu einer Dicke von einigen Zentimetern Blei, weil sich bei größeren

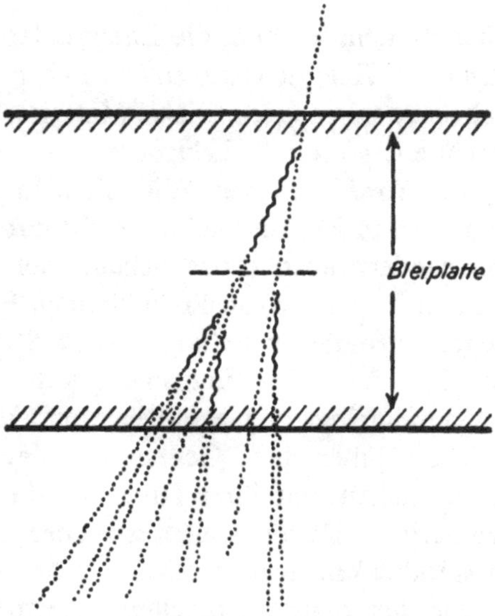

Abb. 13. Entstehung eines Schauers

Dicken die Absorption wieder strahlenvermindernd auswirkt. Es steigt daher im allgemeinen die Zahl der Strahlen in einem Schauer nicht merklich über 10 oder 20 hinaus. Doch kommen vereinzelt auch ganz große Schauer vor, die Tausende von Strahlen enthalten und ihre Entstehung wahrscheinlich ganz besonders energiereichen Primärstrahlen zu verdanken haben.

11. Schwierigkeiten bei der Deutung der Natur der durchdringenden Strahlen. Wenn man in der Physik neue Erscheinungen beobachtet, so wird man mit Recht zunächst bestrebt sein, das Neue auf Grund des bisherigen Wissens zu verstehen. So versuchte man zunächst auch, die extrem durchdringenden Ultrastrahlen in das bestehende physikalische Bild einzufügen, was gar nicht so schwierig schien. Röntgenstrahlen gehen durch 2 mm Blei hindurch, Gamma-Strahlen durchschlagen bereits mehrere Zentimeter Blei, warum sollte es nicht noch energiereichere Lichtquanten geben, die einen Meter Blei und mehr durchsetzen können! Viele Jahre hindurch konnte diese Ansicht sich halten, bis es allmählich klar wurde, daß auch die energiereichsten Lichtquanten keine erheblichen Wege in Blei durchlaufen können, eben wegen der Paarerzeugung, die in diesem dichten Material sofort einsetzen muß. Als dann mit Hilfe von Wilson-Kammer und Zählrohrkoinzidenzen noch gezeigt werden konnte, daß gerade die durchdringendsten Ultrastrahlen feine Ionisationsbahnen erzeugen und darum geladene Teilchen sein müssen, wurde es zur Gewißheit, daß sie jedenfalls keine Lichtquanten sein konnten.

Um diese Zeit entstand die Hypothese, daß die harten Ultrastrahlen aus extrem energiereichen Elektronen bestünden. Dafür sprach das eben erwähnte Aussehen der Nebelbahnen und die praktische Unablenkbarkeit der Strahlen in magnetischen Feldern. Aber auch diese Hypothese führte zu unüberwindbaren Schwierigkeiten, als man sich über die Absorption extrem energiereicher Elektronen Klarheit verschafft hatte. Für solche Elektronen mußte die Ausstrahlung von Lichtquanten und damit der Energieverlust gleich bei Eintritt in dichtes Material so erheblich sein, daß von einem Durchschlagsvermögen, wie es den Ultrastrahlen zukommt, keine Rede sein konnte.

Dann dachte man an Protonen. Ein energiereicher Protonenstrahl hinterläßt eine Ionenspur von genau derselben Dichte wie ein Elektronenstrahl, aber er unterscheidet sich von ihm sehr stark in der Ausstrahlung. Diese ist dem Quadrat der Ruhemasse des Strahlenteilchens umgekehrt proportional, also bei dem 2000mal schwereren Proton rund 4 Millionen mal kleiner als bei dem Elektron gleicher Energie. Es verliert darum ein Proton in Materie praktisch gar keine Energie durch Ausstrahlung, und es kann darum auch nach allem, was wir wissen, durch 1 Meter Blei und mehr hindurchgehen, wenn nur seine Ausgangsenergie genügend hoch ist. Es gab kein einziges Experiment, welches diesen Überlegungen widersprach, aber selbstverständlich war es notwendig, unmittelbare Beweise für die Protonennatur der Ultrastrahlen beizubringen. Man war sich von vornherein klar, daß ein solcher Nachweis nicht leicht sein konnte.

Denn Protonenstrahlen sind in der Wilson-Kammer nur dann von Elektronenstrahlen sicher zu unterscheiden, wenn sie den weitaus größten Teil ihrer Energie bereits verloren haben und ihre Geschwindigkeit merklich unter der des Lichtes liegt. Man mußte also die Ultrastrahlen ganz am Ende ihrer Bahn erfassen und zwar am besten so, daß das Strahlenende in die Wilson-Kammer zu liegen kam. Viele Tausende von Wilson-Aufnahmen sind mit diesem Ziele ausgeführt worden, ohne daß zunächst eine Entscheidung herbeigeführt werden konnte. Schließlich mußte man sich aber doch davon überzeugen, daß auch die Protonenhypothese nicht haltbar war. Ebensowenig kamen noch schwerere Teilchen, wie etwa Alpha-Teilchen, in Frage. Alle diese negativen Ergebnisse ließen es vielmehr immer wahrscheinlicher erscheinen, daß die durchdringenden Ultrastrahlen aus neuartigen Teilchen bestehen.

12. Elementarteilchen verschiedener Art. Unter Elementarteilchen sollen jene höchst einfachen Gebilde verstanden sein, aus denen Materie, Elektrizität und Strahlung aufgebaut sind. Diese Elementarteilchen sind vornehmlich durch zwei Größen, nämlich durch ihre Masse und durch ihre elektrische Ladung charakterisiert.

Die Elementarteilchen der Materie sind Protonen und Neutronen, wobei das Proton eine positive elektrische Einheitsladung trägt, während das Neutron ungeladen ist. Aus Protonen und Neutronen und nur aus diesen sind die Atomkerne aller chemischen Elemente aufgebaut.

Die Elementarteilchen der Elektrizität sind Elektronen und Positronen. Elektronen sind in der Natur in großen Mengen frei beweglich vorhanden, z. B. in den Metallen, die eben darum gute Leiter der Elektrizität sind. Die Positronen, die erst vor wenigen Jahren bei Untersuchungen über die Ultrastrahlung entdeckt worden sind, finden sich nur selten im freien Zustand, da sie sich in Gegenwart von Materie sofort mit den darin vorhandenen Elektronen verbinden und zu Lichtquanten werden.

Schließlich gibt es noch Elementarteilchen der Strahlung, die sogenannten Strahlungsquanten oder Lichtquanten, die nur bei Lichtgeschwindigkeit existenzfähig sind. Je höher die Frequenz des Lichtes liegt, desto größer ist ihre Energie.

In der folgenden Tabelle sind die genannten Elementarteilchen übersichtlich zusammengestellt, wobei aber betont sei, daß zwischen materiellen und elektrischen Elementarteilchen keine grundsätzlichen Unterschiede bestehen.

Elementarteilchen		Masse[1]	Ladung[2]
Materie:	Neutron	2000	0
	Proton	2000	+ 1
Elektrizität:	Elektron	1	— 1
	Positron	1	+ 1
Strahlung:	Lichtquant	0	0

Wir dürfen die in der Tabelle verzeichneten Elementarteilchen nicht als völlig unabhängig voneinander ansehen. Schon in Abschnitt 9 sahen wir, daß es Bedingungen gibt, unter denen ein Lichtquant verschwinden kann und an seiner Stelle ein Elektronenpaar in Erscheinung tritt. Es kann sich auch unter bestimmten Bedingungen, z. B. in einem instabilen Atomkern, ein Proton spontan in ein Neutron umwandeln und umgekehrt.

Die Elementarteilchen als solche zu erkennen und sie voneinander zu unterscheiden, ist oft recht schwierig und im allgemeinen nur dann möglich, wenn sie erhebliche kinetische Energie besitzen, also in Form von „Strahlen" auftreten. Handelt es sich um Strahlen geladener Teilchen — und solche interessieren uns hier nur — so kommt man mit der Wilson-Kammer am besten zum Ziel. Drei Größen sind es, die wir bei günstigen Bedingungen damit messen bzw. beobachten können:

a) Das Bahnende des Strahls; es kommt also hierbei darauf an, den Auslauf des Strahls in der Kammer zu erfassen. Je nach

[1] Angegeben ist hier die sogenannte Ruhemasse, wobei als Einheit die Elektronenmasse gewählt ist.

[2] Angegeben ist hier die Zahl der Elementarladungen und ihr Vorzeichen.

der Art des Teilchens hat das Ende der Bahn ein verschiedenes Aussehen.

b) Die Bahnkrümmung in einem Magnetfeld; man setzt hierzu die Kammer in ein möglichst kräftiges Magnetfeld und mißt dann auf der photographischen Platte die Krümmung der Nebelbahn. Aus dem Betrag der Krümmung sind Aussagen über das Produkt von Masse und Geschwindigkeit des Teilchens möglich.

c) Die Ionendichte entlang der Bahn; man zählt, soweit möglich, die einzelnen Wassertröpfchen in der Nebelspur ab und gewinnt so ein Urteil über die Zahl der pro Zentimeter Bahnlänge erzeugten Ionen. Strahlen, welche sich praktisch mit Lichtgeschwindigkeit bewegen, erzeugen in Luft rund 40 Ionen pro Zentimeter Bahn, für langsame Strahlen ist aber die Ionendichte erheblich größer und kann bis zu Zehntausenden je Zentimeter betragen.

Wenn man wenigstens zwei von diesen Größen hat messen können, so läßt sich bereits eine bestimmte Aussage über die Masse des Teilchens machen. Wie sich eine solche Auswertung in der Praxis gestaltet, sehen wir im nächsten Abschnitt.

13. Entdeckung des Mesotrons. Die energische Suche nach langsamen Protonen im Strahlenkomplex der Ultrastrahlung (Abschn. 11) war zwar erfolglos, sie brachte aber doch das Problem einen entscheidenden Schritt voran. Man stieß nämlich dabei in der Nebelkammer auf Bahnspuren, die weder von Elektronen noch von Protonen noch von anderen bekannten Elementarteilchen herrühren konnten. Abb. 14 zeigt in schematischer Form eine Wilson-Aufnahme von Neddermeyer und Anderson, welche die erste Aufnahme dieser Art ist und unter den eben dargelegten Gesichtspunkten diskutiert werden soll. In unserer Abbildung bedeutet der äußere Kreis die Abgrenzung der Kammer, der innere Kreis stellt ein Zählrohr im Querschnitt dar, mit Hilfe dessen im entscheidenden Augenblick die Auslösung der Kammer und die photographische Aufnahme bewirkt wurde. Der auslösende Strahl trat von oben her in die

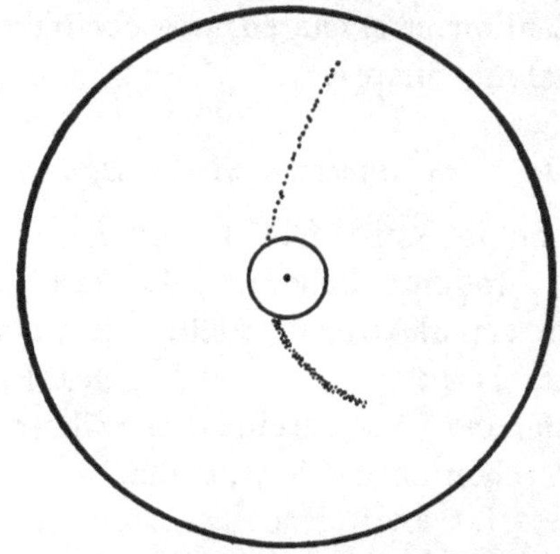

Abb. 14. Mesotron am Ende seiner Bahn

Kammer ein, durchsetzte das Zählrohr und kam dann im unteren Teil der Kammer zum Stillstand. Dadurch, daß der Strahl die Wandungen des Zählrohrs durchsetzte, ist seine Energie in dem oberen Teil der Bahn erheblich größer als im unteren, was schon aus den verschieden starken magnetischen Krümmungen unmittelbar ersichtlich ist. Auf Grund der Beobachtung von Strahlende, magnetischer Krümmung und Ionendichte können für beide Teile der Bahn folgende einander ergänzende Aussagen gemacht werden.

Für den oberen Teil der Bahn

Das Teilchen ist kein Elektron: die Ionendichte ergibt sich aus der Aufnahme zu rund 200 Ionen je Zentimeter. Ein Elektron, das so viele Ionen erzeugt, ist schon recht langsam und müßte darum im Magnetfeld zu einem winzigen Kreis oder einer winzigen Spirale aufgedreht werden. Dies entspricht aber in gar keiner Weise der Aufnahme.

Das Teilchen ist kein Proton: nehmen wir an, es wäre ein Proton, so berechnet sich aus der Bahnkrümmung eine Energie etwa so groß wie die eines sehr langsamen Alpha-Strahls. Bei dieser Energie müßte aber ein Proton mehrere Tausend Ionen je Zentimeter erzeugen, was ebenfalls in gar keiner Weise der Aufnahme entspricht.

Für den unteren Teil der Bahn

Das Teilchen ist kein Elektron: die Krümmung von 3 cm Radius sagt uns mit Sicherheit, daß die Strahlenenergie, wenn es sich um ein Elektron handelte, etwa der eines harten Radium-Beta-Strahls entspricht. Ein solches Elektron würde aber in Luft noch rund 30 m durchlaufen, während auf der Aufnahme die Bahn schon nach 1,5 cm endet.

Das Teilchen ist kein Proton: wäre es ein Proton, so könnte man ihm auf Grund der Bahnkrümmung nur eine minimale Energie zubilligen, so daß es höchstens noch einen 1 mm langen Weg durchlaufen könnte. Es ist also auch hier der Widerspruch evident.

Es gibt heute etwa 10 Aufnahmen dieser Art, die alle ein ionisierendes Teilchen erkennen lassen, das weder ein Elektron noch ein Proton und erst recht nicht ein noch schwereres Teilchen sein kann. Die Bahnspuren müssen also von noch unbekannten Teilchen herrühren, deren Masse zwischen der Elektronenmasse und der Protonenmasse liegen muß und zwar nach dem Mittel aller bisherigen Auswertungen bei etwa 130, wenn wir wieder die Elektronenmasse als Einheit wählen. Das neue Teilchen heißt schweres Elektron oder auch Mesotron und spielt, wie wir sehen werden, im Komplex der Ultrastrahlung eine wichtige Rolle. Es kann sowohl eine negative wie eine positive Elementarladung tragen.

Es ist bemerkenswert, daß man schon vor Entdeckung dieses Teilchens von der möglichen Existenz schwerer Elektronen sprach. Mit ihrer Hilfe wollte Yukawa den Zusammenhalt der Elementarteilchen in den Atomkernen erklären, ein Problem, das auch zur Zeit noch sehr erhebliche theoretische Schwierigkeiten bietet. Ein gewisser Erfolg war dann zu erzielen, wenn man annahm, daß die hypothetischen Teilchen etwa die hundertfache Elektronenmasse besaßen und außerdem sehr kurzlebig waren. Beide Forderungen stehen mit den späteren Erfahrungen auf dem Ultrastrahlgebiet zum mindesten nicht in Widerspruch.

14. Die Mesotronen im Komplex der Ultrastrahlung. Die Existenz der Mesotronen behebt uns sofort einer großen Schwierigkeit: sie liefern uns nämlich die ionisierenden und stark durchdringenden Strahlen, die in der Wilson-Kammer und auch bei Zählrohrversuchen so deutlich heraustreten. Denn ein schweres Elektron muß bei hoher Energie eine Nebelspur geben, die sich von der eines gewöhnlichen Elektrons nicht unterscheiden kann, es muß aber außerdem ein hohes Durchdringungsvermögen haben, weil es wegen seiner 130fachen Masse im Gegensatz zum gewöhnlichen Elektron nur sehr selten Lichtquanten ausstrahlt (Abschn. 11). Diese Mesotronen können aber andererseits nicht identisch sein mit den primären Ultrastrahlen, da sie ja bei ihrer Kurzlebigkeit keine weiten Strecken im Weltenraum zu durchlaufen vermögen. Allerdings ist die Kurzlebigkeit des Mesotrons noch nicht mit Sicherheit erwiesen, doch wird sie durch theoretische Überlegungen stark gestützt. Wenn also die Mesotronen nicht als Primärteilchen gelten können, so bleibt nur die Möglichkeit, daß sie erst in der Atmosphäre von den kosmischen Primärstrahlen ausgelöst werden. Wie sie sich dann im einzelnen in den vielgestaltigen Rahmen der Ultrastrahlung einfügen, soll deutlich gemacht werden an Hand der schematischen Abb. 15, die im wesentlichen die Gedanken veranschaulicht, die vor kurzem von Euler und Heisenberg herausgearbeitet worden sind.

Aus dem Weltenraum kommend fallen sehr energiereiche Teilchen, vermutlich Elektronen, in unsere Atmosphäre ein. Schon in den höchsten Schichten wachsen sie sich in der in Abschnitt 10 beschriebenen Weise zu mächtigen Schauern von Quanten und Elektronen aus, die aber im allgemeinen nicht sehr tief in die Atmosphäre eindringen und darum auch nur in seltenen Fällen den Erdboden erreichen. Mit Hilfe von Regi-

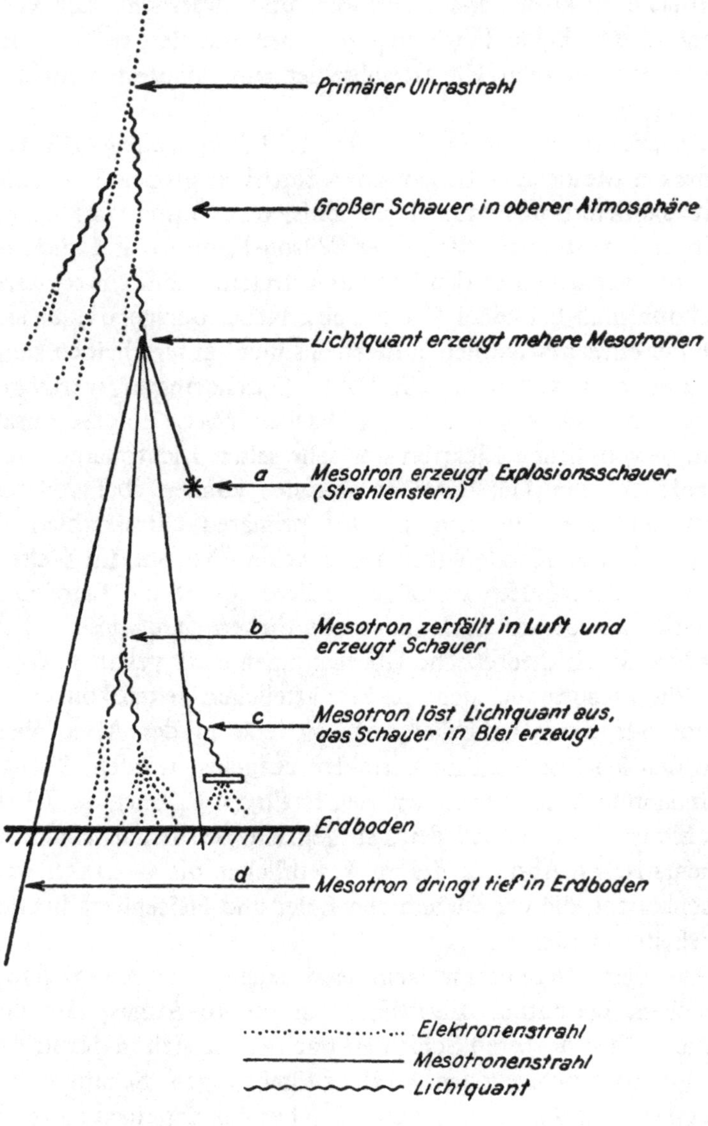

Abb. 15. Durchgang der Ultrastrahlen durch die Atmosphäre

strierballons, die teils Elektrometer, teils Zählrohre bis nahe an 30000 m hochtrugen, hat man den Verlauf der Strahlungsintensität in der Atmosphäre, also vor allem die Zunahme der Ionisation in den höchsten Schichten infolge der Schauerbildung sowie die Abnahme in den tieferen Schichten infolge der Strahlenabsorption feststellen können. Regener hat in dieser Weise als erster grundlegende Messungen ausgeführt, die weitgehende quantitative Schlüsse zuließen.

Die Vorgänge in den obersten Schichten der Atmosphäre bewirken also eine ungeheure Zersplitterung der Energie der primären Strahlen. Dabei kommt es aber auch gelegentlich vor, daß eines der neu entstandenen energiereichen Lichtquanten beim Durchgang durch einen Atomkern statt eines gewöhnlichen Elektronenpaars ein oder mehrere Mesotronen erzeugt. Diese Mesotronen können dann wegen ihrer minimalen Ausstrahlung (s. oben) in die tieferen und dichteren Schichten der Atmosphäre vordringen und dort weitere verschiedenartige Prozesse auslösen. Wir zählen diese Prozesse in der Reihenfolge auf, in der sie auf unserer Abb. 15 dargestellt sind.

a) Das Mesotron trifft mit großer Wucht in den Kern eines Atoms und bringt ihn dabei zur Explosion. Eine Reihe materieller Strahlen (Neutronen, Protonen) laufen nach allen Richtungen von der Explosionsstelle weg. Es entstehen so die Strahlensterne, die in photographischen Schichten nachgewiesen werden können und schon in Abschnitt 7 besprochen wurden.

b) Das Mesotron, das ja nur eine sehr kurze Lebenszeit besitzt, kann bereits auf seinem Weg durch die Atmosphäre zerfallen. Dabei entsteht (neben einem Neutrino) ein gewöhnliches, aber im allgemeinen sehr energiereiches Elektron, das somit ebenfalls einen kräftigen Schauer auslösen kann. Wenn ein solcher Schauer sich gerade in günstiger Höhe über dem Erdboden, sagen wir in 200 bis 300 m Höhe, auszubilden beginnt, so wird am Boden eine gewaltige Zahl von Strahlen gleichzeitig einschlagen. Man weiß, daß aus der Atmosphäre in der Tat vereinzelte Schauer kommen, die Zehntausende von Strahlen enthalten und mehrere Hundert Quadratmeter der Erdoberfläche überdecken.

c) Beim Durchgang eines Mesotrons durch einen Atomkern kann aber auch ein Lichtquant entstehen, wenn auch die Wahrscheinlichkeit dafür sehr klein ist. Ein von einem Mesotron erzeugtes Lichtquant wird im allgemeinen sehr energiereich sein und Schauer erzeugen. Wahrscheinlich entstehen die Schauer, die wir im Laboratorium beobachten, wenn wir über der Apparatur Bleiplatten oder andere Materialien einschalten, zum Teil durch diese Lichtquanten selbst, zum Teil durch die von ihnen in der Luft ausgelösten Elektronenstrahlen.

d) Gelegentlich trifft es sich auch so, daß ein Mesotron die mittlere Lebenszeit merklich überschreitet und dann tief in die Erde eindringt. Von diesen Mesotronen rühren die Schauer her, die man in Bergwerkstollen viele Hundert Meter unter der Erdoberfläche beobachtet hat.

Naturgemäß sollte jetzt noch ein Wort gesagt werden über Quelle und Entstehungsweise der primären Strahlen, die aus dem Weltenraum kommend alle beschriebenen Prozesse auslösen. Aber hier fehlt uns noch jedes sichere Wissen, wenn auch manche Möglichkeit schon diskutiert worden ist. Wir können heute weder sagen, wie und wo diese Strahlen entstehen, noch haben wir eine Vorstellung von den Vorgängen, durch die sie die hohe Energie gewinnen, mit der sie auf die Erde einfallen. Selbst in der Frage nach der Natur der primären Teilchen sind wir auf Vermutungen angewiesen; am wahrscheinlichsten ist wohl, daß sie aus Elektronen bestehen, es mag aber sehr wohl auch sein, daß man sie schließlich als Protonen oder als Lichtquanten oder vielleicht auch als neuartige Teilchen erkennen wird. Zur Zeit sieht es allerdings nicht so aus, als ob sich diese Fragen in Bälde lösen würden.

15. Schlußbemerkungen. Im Vorausgehenden haben wir die Fortschritte in der Ultrastrahlenforschung nur in großen Zügen darstellen können. Manche Schwierigkeit wurde übergangen, und auch manches bedeutungsvolle Ergebnis konnte nicht voll gewürdigt werden. Insbesondere war es nicht möglich, den Anteil, den die mit theoretischen Methoden arbeitenden Forscher an den erzielten Fortschritten haben, entsprechend herauszuheben. Um so mehr sei hier noch betont, daß gerade auf dem Gebiet der Ultrastrahlung experimentelle und theoretische Physiker stets in engster Verbindung miteinander gearbeitet haben; immer wieder haben erfolgreiche Experimente zu neuen theoretischen Gesichtspunkten geführt, wie umgekehrt Folgerungen aus der Theorie die Anregung gaben zu nutzbringenden Experimenten. In dieser wechselseitigen Befruchtung lag die Gewähr für einen raschen Erfolg.

Wenn wir uns nun noch fragen, was in dem letzten Jahrzehnt intensiver Arbeit wirklich erreicht worden ist, so dürfen wir die Ultrastrahlung nicht als ein in sich abgeschlossenes Problem betrachten, wir müssen uns vielmehr ihre Bedeutung im Rahmen der heutigen gesamten Physik klar zu machen suchen. Hier gilt die Erforschung der Materie zur Zeit als vordringliche Aufgabe, wobei vielleicht manchem als letztes Ziel eine volle Beherrschung der Materie vor Augen schwebt, die dann wirtschaftliche Ausnutzung möglich macht. Wenn solche Hoffnungen überhaupt erfüllbar sind, so nur über ein in alle Einzelheiten gehendes Studium der atomaren Kräfte und der elementaren Strahlen, die uns bei ausreichender Energie allein die für atomare Eingriffe erforderlichen Kräfte liefern. Von dieser Seite gesehen, ist die Entdeckung der Ultrastrahlen in einem für den atomphysikalischen Fortschritt entscheidenden Zeitpunkt erfolgt. Denn mit den Ultrastrahlen haben wir Lichtquanten und Elektronenstrahlen als Untersuchungsobjekte in die Hand bekommen von einer Energie, wie sie uns sonst bei Elementarstrahlen auch nicht entfernt zur Verfügung steht. Gerade über das Verhalten solcher Strahlen fehlten uns aber bisher alle Kenntnisse. Darum ist auch die Ultrastrahlung für die heutige Physik ein Forschungsgebiet von grundlegender Bedeutung, auf dem mit aller Intensität gearbeitet wird.

Schrifttum über Wesen und Aufgaben der Akademie

JAHRBUCH DER PREUSSISCHEN AKADEMIE DER WISSENSCHAFTEN — JAHRGANG 1939. Quart. 285 Seiten. 1939. RM 4.—, geb. RM 5.—. Dieses erstmalig erscheinende Jahrbuch enthält u. a. das Mitgliederverzeichnis nach dem neuesten Stand, die neuen Satzungen, die jetzige Organisation der Akademie und die Jahresberichte 1938. Es soll in Zukunft stets zu Anfang jeden Jahres zur Ausgabe gelangen. Vom 1. Januar 1939 ab hat die Preußische Akademie der Wissenschaften keine Sitzungsberichte mehr herausgegeben, sondern nur noch Abhandlungen, getrennt für die physikalisch-mathematische und die philosophisch-historische Klasse. Die Abonnenten der früheren Sitzungsberichte erhalten somit für die Zeit ab 1. Januar 1939 an Stelle dieser die Abhandlungen der Akademie

Theodor Vahlen

ANSPRACHE AUF DEM FRIEDRICHSTAG, dem 26. Januar 1939. 4 Seiten. RM —.50 (Sonderabdruck aus dem Jahrbuch der Preuß. Akademie der Wissenschaften zu Berlin 1939)

ANSPRACHE AUF DEM LEIBNIZTAG, dem 6. Juli 1939. 10 Seiten. RM —.50 (Sonderabdruck aus dem Jahrbuch der Preuß. Akademie der Wissenschaften zu Berlin 1939)

ANSPRACHE AUF DEM FRIEDRICHSTAG, dem 25. Januar 1940. 9 Seiten. RM —.50 (Sonderabdruck aus dem Jahrbuch der Preuß. Akademie der Wissenschaften zu Berlin 1940)

ANSPRACHE AUF DEM LEIBNIZTAG, dem 27. Juni 1940. 12. Seiten. RM —.50 (Sonderabdruck aus dem Jahrbuch der Preuß. Akademie der Wissenschaften zu Berlin 1940)

Ernst Heymann

ÜBER STAAT UND VOLK IM STAATSBEGRIFF FRIEDRICHS DES GROSSEN. Ansprache in der Friedrichs-Sitzung der Preuß. Akademie der Wissenschaften am 27. Januar 1938. RM 1.—

BÜCHERPRIVILEGIEN UND ZENSUR in ihrer Bedeutung für die Sozietätsgründung durch Leibniz im Jahre 1700. RM 2.—. (Sitzungsberichte der Preuß. Akademie der Wissenschaften zu Berlin 1932)

Adolf Harnack

GESCHICHTE DER KGL. PREUSS. AKADEMIE DER WISSENSCHAFTEN ZU BERLIN. Berlin 1900. 3 Bände. Mit 8 Porträts. RM 60.—

VERLAG WALTER DE GRUYTER & CO., BERLIN W 35

FSC
www.fsc.org
MIX
Papier | Fördert
gute Waldnutzung
FSC® C083411

Kolibri 360 GmbH
Ferdinand-Jühlke-Straße 7
99095 Erfurt, Deutschland
produktsicherheit@kolibri360.de